# Inhaltsverzeichnis

| Sachrechnerische Kompetenzen | Sachsituationen | Seite |
|---|---|---|
| **Umgang mit Daten, Häufigkeiten, Wahrscheinlichkeiten** | | |
| Angaben ablesen und damit rechnen | **Spiele mit dem Würfel** | 3 |
| Daten aus Strichlisten ablesen und ein Balkendiagramm erstellen | Würfel-Spiele | 4 |
| Vermutungen zur Wahrscheinlichkeit | Würfeln mit einem Würfel | 5 |
| Plausibilitätsprüfung: Kann das sein? | Würfel-Geschichten | 6 |
| **Sachsituationen mit Bildern und Texten erschließen** | | |
| Zum Bild passende Rechengeschichten zuordnen | **Ferien-Geschichten** | 7 |
| Zur Rechengeschichte passende Bilder zuordnen | Spiele am Strand | 8 |
| Text – Term – Zuordnung | Im Schwimmbad | 9 |
| Eigene Rechengeschichten schreiben | Weitere Ferien-Geschichten | 10 |
| **Sachsituationen mit Fragen erschließen** | | |
| Viele Fragen zu einer Sachsituation | **Einkaufen** | 11 |
| Fragen stellen | Im Schreibwarenladen | 12 |
| Fragen und Antworten unterscheiden | Im Spielwarenladen | 13 |
| Fragen und Antworten zuordnen | Auf dem Markt | 14 |
| Fragen unterscheiden | **Klasse 2a** | 15 |
| Fragen unterscheiden | Kinder unserer Schule | 16 |
| Informationen entnehmen, Rechenfragen lösen | **Im Zoo** | 17 |
| Informationen entnehmen, Rechenfragen lösen | Zoobesuch | 18 |
| **Verschiedene Lösungshilfen anwenden** | | |
| Wichtige Informationen unterstreichen | **Klassenausflug** | 19 |
| Wichtige Informationen unterstreichen | Im Tierpark | 20 |
| Informationen in langen Texten suchen | Das rote Riesenkänguru | 21 |
| Informationen in langen Texten suchen | Der afrikanische Elefant | 22 |
| Skizzen erstellen | Wettspiele im Sportunterricht | 23 |
| Skizzen erstellen | Sportunterricht in Klasse 2 | 24 |
| Tabellen erstellen | Neue Sportgeräte für die Turnhalle | 25 |
| Tabellen erstellen | Neue Pausenspielgeräte | 26 |
| **Umgang mit Längen** | | |
| Repräsentanten zuordnen | **Bekannte Längenmaße** | 27 |
| Aussagen zuordnen / Logeleien | So groß sind wir | 28 |
| Informationen aus Tabellen entnehmen, Schaubilder erstellen | Tische und Stühle für die Klasse 2a | 29 |
| Informationen aus Tabellen entnehmen, Schaubilder erstellen | Tische und Stühle für die Klasse 2b | 30 |

# Inhaltsverzeichnis

| Sachrechnerische Kompetenzen | Sachsituationen | Seite |
|---|---|---|
| **Umgang mit Zeit** | | |
| Kalender: Monat, Tag, Datum | **Ein neues Jahr beginnt** | 31 |
| Zeitspannen (Tage) berechnen | Unsere Zeit | 32 |
| Zeitpunkte / Zeitspannen | **Fahrt zur Eishalle** | 33 |
| Zeitpunkte / Zeitspannen | In der Eishalle | 34 |
| **Sachsituationen erschließen und lösen** | | |
| Lösbare und unlösbare Fragen | **Einladung zum Kinderfest** | 35 |
| Sachaufgaben mit F – L – A lösen | Einkaufen für das Kinderfest | 36 |
| Terme zuordnen, Sachaufgaben lösen | Auf dem Kinderfest | 37 |
| Sachaufgaben mit F – L – A lösen | Spiele auf dem Kinderfest | 38 |
| Komplexere Sachsituationen (Größenbereich: Zeit) lösen | **Freibad-Besuch** | 39 |
| Informationen aus Tabellen entnehmen, Sachaufgaben (Größenbereich: Geld) lösen | Im Freibad | 40 |
| Sachaufgaben lösen | Lena und Tim im Freibad | 41 |
| Plausibilitätsprüfung: Fehlersuche | Mathematik im Freibad | 42 |
| **Knobeleien** | | |
| Sachaufgaben mithilfe von Skizzen lösen | **Knobelaufgaben** | 43 |
| Sachaufgaben mithilfe von Skizzen lösen | Tierische Knobelaufgaben | 44 |
| Zahlenrätsel lösen | **Zahlenrätsel** | 45 |
| Zahlenrätsel lösen | Wie heißt meine Zahl | 46 |
| Kombinatorik | **Viele Eissorten** | 47 |
| Logeleien | Eis-Träume | 48 |

# Spiele mit dem Würfel

3

Du hast sicher schon oft mit einem Spielwürfel gewürfelt.
Zahlix und Zahline spielen und rechnen mit dem Würfel.

**1** Zahlix und Zahline würfeln mit 2 Würfeln. Sie zählen die Augenzahlen zusammen. Sieger ist, wer das höchste Ergebnis hat. Kreuze den Sieger an.

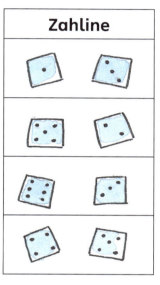
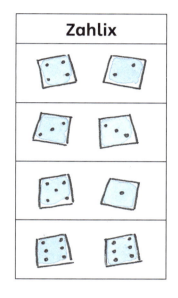
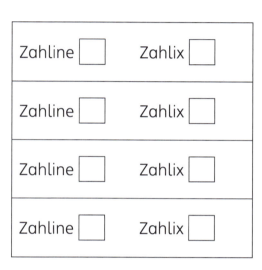

**2** Welche Augenzahlen fehlen hier?

a) ___ + 3 = 5    b) 6 + ___ = 10    c) ___ + 3 = 5

___ + 2 = 6    7 + ___ = 9    7 + ___ = 9

___ + 5 = 8    1 + ___ = 7    ___ + 5 = 7

**3** Würfele mit zwei Würfeln und zähle zusammen. Welche Ergebnisse sind möglich? **Kreise ein.**

0  1  2  3  4  5  6  7  8  9  10  11  12  13  14  15  16  17  18  19  20

**4** Nimm einen Spielwürfel in die Hand. Male die gegenüberliegenden Augenzahlen auf. Berechne ihre Augensumme.

  1 + ___ = ___

  ___ + ___ = ___

  ___ + 3 = ___

Was fällt dir auf? _____

# Würfel-Spiele

**1** Ralf und Sarah würfeln abwechselnd. Jeder darf 23-mal würfeln.
Ralf hat für seine Ergebnisse ein Schaubild gezeichnet. Wie geht es weiter?

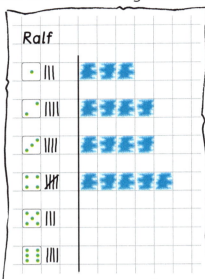
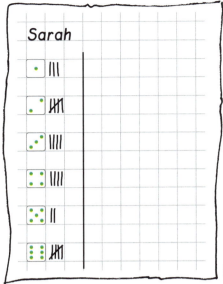

**2** Zeichne Sarahs Ergebnisse in das Schaubild.

**3** Rechne Ralfs und Sarahs Ergebnisse zusammen. Zeichne ein Schaubild.

**4** Würfel abwechselnd mit deiner Nachbarin. Jeder darf 20-mal würfeln. Wie sieht deine Strichliste aus? Zeichne dein Schaubild.

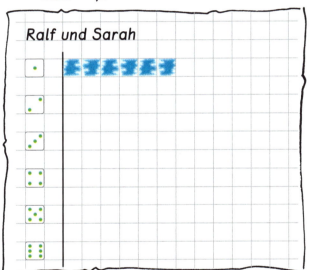

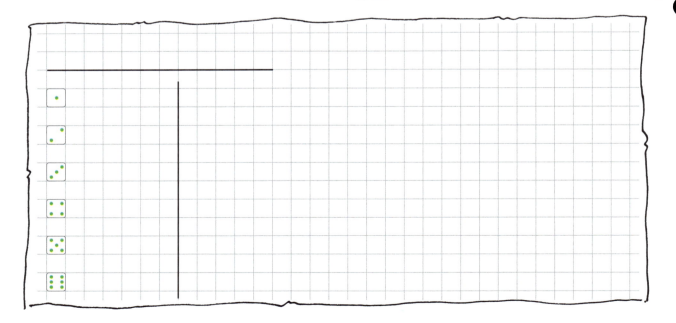

**5** Rechnet eure Würfelzahlen zusammen. Zeichne ein Schaubild in dein Heft.

# Würfeln mit einem Würfel

*Ich habe schon 10-mal gewürfelt. Nie kam die 6!*

**1** Kommen alle Augenzahlen gleicht oft vor? Oder sind einige Augenzahlen schwieriger zu würfeln als andere?

Meine Vermutung: _____
_____
_____

**2** Überprüfe deine Vermutung mit folgendem Experiment:
Nimm einen Spielwürfel und würfele möglichst oft (etwa 50 mal).
Notiere deine gewürfelten Augenzahlen in der Tabelle.

|  |  | Anzahl |
|---|---|---|
| ⚀ |  |  |
| ⚁ |  |  |
| ⚂ |  |  |
| ⚃ |  |  |
| ⚄ |  |  |
| ⚅ |  |  |

**3** Welche Zahl kommt bei dir am häufigsten vor? _____

**4** Welche Zahl fiel am wenigsten? _____

**5** War deine Vermutung richtig? _____

**6** Stell dir vor, du machst dieses Experiment immer wieder.

Wie wird das Ergebnis sein? _____
_____

Schreibe in einem Satz auf, was du durch das Experiment herausgefunden hast.
_____
_____

# Würfel-Geschichten

Welche Geschichten sind wahr, welche erfunden?

1. Kreuze an: „Kann sein." oder „Kann **nicht** sein."
2. Schreibe eine kurze Begründung.

a) Ich habe 3-mal gewürfelt und insgesamt 20 Punkte erreicht.

☐ Kann sein.
☐ Kann **nicht** sein, weil _____

b) Ich habe auch 3-mal gewürfelt und insgesamt nur 3 Punkte erreicht.

☐ Kann sein.
☐ Kann **nicht** sein, weil _____

c) Ich habe 4-mal gewürfelt und jedes Mal eine 6 gewürfelt.

☐ Kann sein.
☐ Kann **nicht** sein, weil _____

d) Ich habe schon beim ersten Mal eine 6 gewürfelt.

☐ Kann sein.
☐ Kann **nicht** sein, weil _____

e) Ich habe nur 2-mal gewürfelt und schon insgesamt 10 Punkte erreicht.

☐ Kann sein.
☐ Kann **nicht** sein, weil _____

f) Ich habe auch 10 Punkte erreicht, musste aber 4-mal würfeln.

☐ Kann sein.
☐ Kann **nicht** sein, weil _____

# Ferien-Geschichten

**1** Welche Rechengeschichte gehört zum Bild? Verbinde.

*Ben ist traurig.
Von seinen 23 Muscheln hat
er 5 Muscheln verloren.*

*Nina sammelt Muscheln.
Sie hat schon 18 kleine Muscheln
und 5 große Muscheln.*

*Lukas hat viele Muscheln gesammelt.
Er hat 18 Muscheln. 5 Muscheln
schenkt er seinem Freund.*

**2** Schreibe zur richtigen Rechengeschichte die passende Frage, Lösung und Antwort auf.

(F) *Wie viele Muscheln* _____

(L) _____

(A) _____

**3** Welche Rechengeschichte gehört zum Bild? Verbinde.

*Lina ist wütend. Sie hat 22 Sand-
kuchen gebaut. Die Wellen des
Meeres haben 4 Kuchen zerstört.*

*Lina freut sich. Sie hat 26 Sand-
kuchen gebaut. Ihre Schwester
baut noch 4 Kuchen.*

*Theo weint. Er hat 26 Sandkuchen
gebaut. Sein kleiner Bruder hat
4 Kuchen zerstört.*

**4** Schreibe zur richtigen Rechengeschichte die passende Frage, Lösung und Antwort auf.

(F) _____

(L) _____

(A) _____

# Spiele am Strand

**1** Welche Bilder gehören nicht zur Rechengeschichte? Streiche sie durch.

Lisa sammelt Muscheln. Sie hat 5 große und 12 kleine Muscheln.

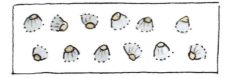 

**2** Schreibe zur Rechengeschichte die passende Frage, Lösung und Antwort auf.

 _____

 _____

 _____

**3**  Welche Bilder gehören nicht zur Rechengeschichte? Streiche sie durch.

Alex sammelt Steine. Er hat 23 Steine. 5 Steine legt er in einen Beutel. Die möchte er seinem Freund schenken.

 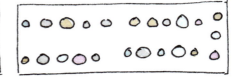

**4** Schreibe zur Rechengeschichte die passende Frage, Lösung und Antwort auf.

 _____

 _____

 _____

**5**  Welche Bilder gehören nicht zur Rechengeschichte? Streiche sie durch.

Pia spielt mit Muscheln. Sie legt immer 4 Muscheln in eine Reihe. Es sind 3 Reihen.

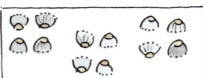 

**6**  Schreibe zur Rechengeschichte die passende Frage, Lösung und Antwort in dein Heft.

# Im Schwimmbad

**1** Welche Aufgabe gehört zu welcher Rechengeschichte? Verbinde und rechne aus.

| Im Wasser sind 38 Kinder. 6 Kinder springen gerade ins Wasser. | Im Schwimmbad sind 36 Kinder und 8 Erwachsene. | Es sind 38 Kinder im Schwimmbad. Am Mittag gehen 6 Kinder nach Hause. |

38 + 6 = ____     38 − 6 = ____     36 + 8 = ____

**2**

| Auf dem Spielplatz sind 29 Kinder. Im Wasser sind 7 Kinder. | Am Montag sind 27 Personen im Schwimmbad, davon sind 9 Erwachsene. | Am Sonntag sind 27 Kinder und 9 Erwachsene im Schwimmbad. |

27 − 9 = ____     27 + 9 = ____     29 + 7 = ____

**3**

| Die Sonne scheint. Viele gehen ins Schwimmbad. 35 Kinder sind schon da. 10 Kinder warten noch vor der Kasse. | Im Wasser spielen viele Kinder. 35 Kinder sind im Wasser. Davon können 10 Kinder noch nicht alleine schwimmen. | Der Bademeister sagt: „Im Schwimmbad sind heute 45 Personen. Es sind 10 Erwachsene, der Rest sind Kinder." |

45 − 10 = ____     35 + 10 = ____     35 − 10 = ____

**4** Verbinde Rechengeschichte und Aufgabe.

64 − 8 = ____

64 + 8 = ____

Besucherrekord am Samstag. 64 Personen sind im Schwimmbad. Es sind 8 Erwachsene, der Rest sind Kinder.

**5** Schreibe zur übrig gebliebenen Aufgabe von Nummer 4 eine eigene Rechengeschichte in dein Heft.

## Weitere Ferien-Geschichten

**1** a) Male zu der Aufgabe ein Bild.
b) Schreibe zu der Aufgabe eine eigene Rechengeschichte.

26 + 4

---
---
---
---
---

**2** a) Male zu der Aufgabe ein Bild.
b) Schreibe zu der Aufgabe eine eigene Rechengeschichte.

37 − 7

---
---
---
---
---

# Einkaufen

**1** Schreibe die Antworten auf.

**2** Welche Fragen kannst du nicht beantworten? Streiche diese Fragen durch.

**3** Schreibe noch drei eigene Fragen in dein Heft. Dein Nachbar beantwortet sie.

a) Wie heißt das Mädchen?

  *Das Mädchen heißt* _____.

b) Was möchte Sarah kaufen?

  *Sarah möchte* _____

c) Wie viel Geld hat Sarah in der Hand?

d) Welche Farbe hat Sarahs Pulli?

e) Wie alt ist Sarah?

f) Trägt der Verkäufer eine Brille?

g) Wie viele Tiere stehen im Regal?

h) Wie teuer ist der Hund?

i) Wie viel Geld kostet der Teddy?

j) Wie viel Geld bekommt Sarah zurück?

# Im Schreibwarenladen

1. Welche Fragen kannst du stellen? Was möchtest du wissen?
2. Schreibe die Fragen und Antworten auf.

Wie viele ... ?
Wann ... ?
Wie viel Geld kostet ... ?
Welche Farbe ... ?
Wie viel Geld hat ... ?
Wie viel Geld hat ... gespart?
Wie viel Geld bekommt ... zurück?

# Im Spielwarenladen

**1** Welche Sätze sind es? Fragen oder Antworten?
 a) Male bei Fragen den Kreis rot an.
 b) Male bei Antworten den Kreis grün an.

| | |
|---|---|
| ○ | Wie viel Geld hat Tim gespart? |
| ○ | Wie viel Geld kostet die Puppe? |
| ○ | Der Teddy kostet 16 €. |
| ○ | Tim kauft das Rennauto. |
| ○ | Sind im Geschäft noch mehr Kinder? |
| ○ | Wie viel Geld bekommt Tim zurück? |
| ○ | Die Puppe kostet 32 €. |
| ○ | Wie viel Geld kostet der Teddy? |
| ○ | Was möchte Tim kaufen? |
| ○ | Wie viele Autos hat Tim zu Hause? |
| ○ | Tim bekommt 2 € zurück. |
| ○ | Tim hat 20 € gespart. |
| ○ | Wie viel Geld kostet das Rennauto? |
| ○ | Der Trecker kostet 17 €. |
| ○ | Wie viel Geld muss Tim bezahlen? |
| ○ | Das Rennauto kostet 18 €. |
| ○ | Tim muss 18 € bezahlen. |
| ○ | Kann man im Geschäft auch Bälle kaufen? |
| ○ | Wie viel Geld kostet der Trecker? |

**2** Welche Fragen und Antworten passen nicht zum Bild? Streiche die Kreise durch.

**3** Suche dir drei Fragen aus. Schreibe diese Fragen mit den passenden Antworten in dein Heft.

# Auf dem Markt

Wie viele Äpfel hat Lisas Mutter gekauft?

Wie viel Geld muss Pias Mutter bezahlen?

Wie viel Geld bekommt Tim zurück?

Hat Nina auch Bananen gekauft?

Ist der Salat heute im Angebot?

Was kauft Toms Mutter ein?

**1** a) Welche Frage passt? Schreibe die passende Frage zur Antwort.
b) Welches Kind antwortet? Schreibe den Namen auf.

 Meine Mutter hat 12 Äpfel gekauft.

Wie _____

Meine Mutter kauft Kartoffeln ein.

Ich kaufe nie Bananen.

Ich bekomme 3 € zurück.

 Meine Mutter muss 14 € bezahlen.

**2** Welche Frage bleibt übrig? Schreibe sie auf. Wie heißt wohl die passende Antwort?

# Klasse 2a

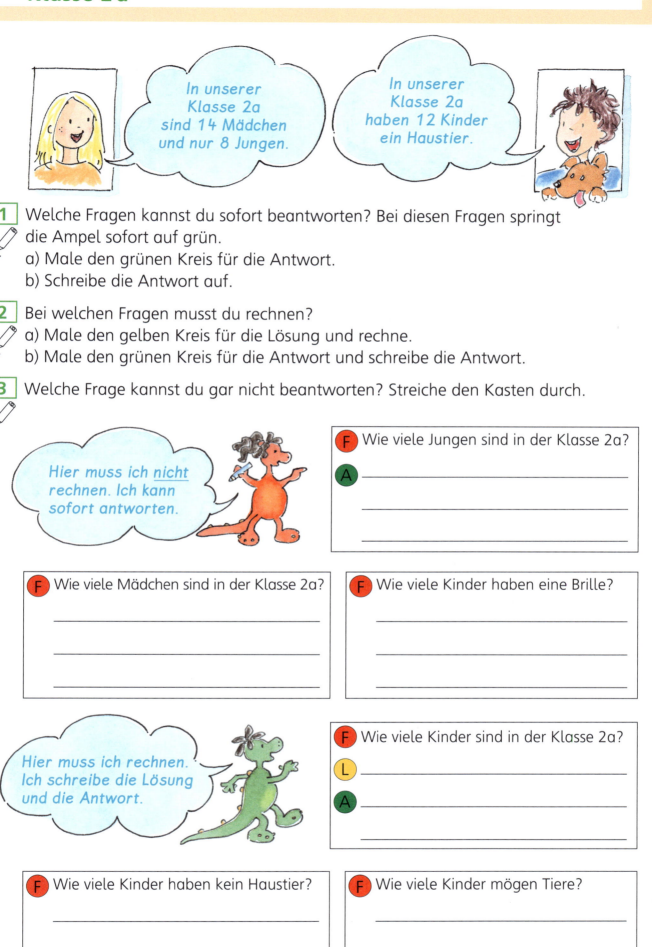

**1** Welche Fragen kannst du sofort beantworten? Bei diesen Fragen springt die Ampel sofort auf grün.
  a) Male den grünen Kreis für die Antwort.
  b) Schreibe die Antwort auf.

**2** Bei welchen Fragen musst du rechnen?
  a) Male den gelben Kreis für die Lösung und rechne.
  b) Male den grünen Kreis für die Antwort und schreibe die Antwort.

**3** Welche Frage kannst du gar nicht beantworten? Streiche den Kasten durch.

# Kinder unserer Schule

**1** Welche Fragen kannst du sofort beantworten? Schreibe die Antwort auf.

**2** Bei welchen Fragen musst du rechnen? Schreibe die Lösung und die Antwort auf.

**3** Welche Fragen kannst du gar nicht beantworten? Streiche sie durch.

a)

*In unserer Klasse 3 sind 25 Kinder. Davon spielen 9 Kinder Fußball.*

**F** Wie viele Kinder sind in der Klasse 3?

**F** Wie viele Mädchen sind in der Klasse 3?

**F** Wie viele Kinder spielen Fußball?

**F** Wie viele Kinder lesen gern?

**F** Wie viele Kinder spielen nicht Fußball?

b)

*In unserer Klasse 4 sind 28 Kinder. Davon spielen 10 Kinder Tennis.*

**F** Wie viele Kinder sind in der Klasse 4?

**F** Wie viele Kinder gehen zum Turnen?

**F** Wie viele Kinder spielen Tennis?

**F** Wie viele Kinder spielen kein Tennis?

**F** Wie viele Jungen sind in der Klasse 4?

# Im Zoo

**Öffnungszeiten**
9.00 Uhr – 18.00 Uhr

**Eintrittspreise**
Erwachsene         20 €
Kinder ab 4 Jahre  10 €

**Fütterungszeiten**
Affen    12.30 Uhr
Löwen    11.00 Uhr
         15.30 Uhr
Robben   10.00 Uhr
         13.00 Uhr
letzte Tierfütterung
um 17.00 Uhr

**1** Welche Fragen kannst du sofort beantworten? Schreibe die Antwort auf.

**2** Bei welchen Fragen musst du rechnen? Schreibe die Lösung und die Antwort auf.

**3** Welche Fragen kannst du nicht beantworten? Streiche sie durch.

a) **F** Wann werden die Robben das erste Mal gefüttert?

b) **F** Wann findet die 2. Fütterung statt?

c) **F** Wie lange müssen die Robben bis zur 2. Fütterung warten?

d) **F** Um wie viel Uhr öffnet der Zoo?

e) **F** Wie viele Stunden hat der Zoo geöffnet?

f) **F** Wann werden die Elefanten gefüttert?

g) **F** Wie lange müssen die Löwen auf die 2. Fütterung warten?

**4** Welche Fragen kannst du noch stellen? Schreibe sie in dein Heft. Dein Nachbar beantwortet sie.

# Zoobesuch

**Öffnungszeiten**
9.00 Uhr – 18.00 Uhr

**Eintrittspreise**
Erwachsene 20 €
Kinder ab 4 Jahre 10 €

**Preisliste**
Schokoladeneis 70 Cent
Fruchteis 80 Cent
Apfelschorle 90 Cent

1 Tierposter (klein) 1 €
1 Tierposter (groß) 3 €
1 Postkarte 60 Cent

**1** Tom ist 7 Jahre alt. Er besucht mit seinen Eltern den Zoo. Sein Vater hat 70 € dabei.

a) **F** Wie viel Geld hat Toms Vater dabei?

b) **F** Wie teuer ist der Eintritt für Toms Eltern?

c) **F** Wie teuer ist der Eintritt für Toms Familie?

d) **F** Wie viel Geld behält Toms Vater übrig?

**2** Tom bekommt von seinem Vater 2 €. Er kauft für sich und für seinen Vater Fruchteis.

a) **F** Wie teuer ist ein Fruchteis?

b) **F** Wie viel Geld muss Tom bezahlen?

c) **F** Welches Eis möchte Toms Mutter essen?

d) **F** Wie viel Geld bekommt Tom zurück?

# Klassenausflug

Beantworte zuerst die Helfer-Fragen.
Unterstreiche die Antworten im Text gelb.

Danach löse die Rechenfrage:

*Bei Helfer-Fragen steht die Antwort im Text.*

*Die Helfer-Fragen helfen beim Lösen der Rechenfrage*

**1** Der Bus fährt um 8 Uhr los. Zuerst steigt die Klasse <u>2a mit 21 Kindern</u> ein. Danach steigt die <u>Klasse 2b mit 23 Kindern</u> ein.

| Wie viele Kinder sind in der Klasse 2a? |
|---|

| Wie viele Kinder sind in der Klasse 2b? |
|---|

**F** Wie viele Kinder sind im Bus?
**L** 21 + 23 =
**A** _____

**2** Der Bus hat insgesamt 52 Plätze. 46 Plätze sind von den Kindern und den beiden Lehrerinnen besetzt. Mit 10 Minuten Verspätung fährt der Bus endlich los.

| Wie viele Plätze hat der Bus insgesamt? |
|---|

| Wie viele Plätze sind schon besetzt? |
|---|

**F** Wie viele Plätze sind noch frei?
**L** _____
**A** _____

**3** Um 9.00 Uhr kommt der Bus am Zoo an. An der Kasse hat sich eine lange Schlange gebildet. Die Klasse 2a muss insgesamt 75 € Eintritt bezahlen. Die Lehrerin bezahlt mit einem 100-€-Schein.

| *Wie teuer ist der Eintritt für die Klasse 2a?* |
|---|
| _____ |
| _____ |

**F** Wie viel Geld bekommt sie zurück?
**L** _____
**A** _____

**4** Die Lehrerin der Klasse 2b muss 82 € Eintritt bezahlen. Sie kauft noch ein Tierposter für 11 €. Nun endlich kann auch die Klasse 2b den Zoo besuchen.

| _____ |
|---|
| _____ |

**F** Wie viel Geld muss die Lehrerin der Klasse 2b bezahlen?
**L** _____
**A** _____

# Im Tierpark

Wie heißen die Helfer-Fragen? Schreibe sie auf.

Unterstreiche die Antworten der Helfer-Fragen im Text gelb.

Löse die Rechenfragen:

**1** Zuerst möchte die Klasse 2a die Pinguine besuchen.
Sarah zählt 21 Pinguine im Wasser. Tom zählt 15 Pinguine an Land.

F Wie viele Pinguine _____
L _____
A _____

**2** Danach gehen die Kinder zum Affengehege. Der Tierpfleger ist schon 60 Jahre alt. Er erzählt den Kindern, dass die Affen jeden Tag 50 Bananen fressen. Heute haben sie schon 21 Bananen gefressen.

F _____
L _____
A _____

**3** Mittags treffen sich die Kinder am Kiosk. Lisa kauft sich eine Postkarte für 60 Cent und ein Fruchteis für 80 Cent. Das Poster ist ihr zu teuer.

F _____
L _____
A _____

## Das rote Riesenkänguru

**1** Lies den Text und beantworte die Fragen.

a) Wie hoch kann ein Känguru springen?

b) Wie weit kann ein Känguru springen?

c) Wie alt kann ein Känguru werden?

d) Wie groß wird ein Känguruweibchen?

e) Wie groß ist ein Kängurumännchen?

Das Känguru lebt eigentlich in Australien. Es hat sehr starke Muskeln in den Hinterbeinen, mit denen es 3 m hoch und viermal so weit springen kann. Mit den Riesensprüngen schützt sich das Känguru vor Feinden und Buschbränden. Mit dem ungefähr 90 cm langen Schwanz kann das Känguru während des Sprunges das Gleichgewicht halten. Bei der Geburt ist das Kängurubaby etwa 2 cm groß. Es sucht sich nach der Geburt über den Bauch der Kängurumutter den Weg in den Beutel, in dem es 6 Monate heranwächst. Danach verlässt es zum ersten Mal den Beutel. Nun ist es schon 50 cm groß. Bis es 1 Jahr alt ist, bleibt es immer in der Nähe der Mutter. Känguruweibchen werden 90 cm groß. Männchen sind ungefähr 50 cm größer. Kängurus werden ungefähr 20 Jahre alt.

f) Wie viele Monate wächst das Baby im Beutel der Mutter heran?

g) Wie groß ist das Kängurubaby nach der Geburt?

h) Wie groß ist ein Kängurubaby nach 6 Monaten?

i) Wie viel cm ist das Kängurubaby in den ersten 6 Monaten gewachsen?

## Der afrikanische Elefant

Der „Afrikanische Elefant" lebt eigentlich in Afrika. Ein Elefanten-Männchen kann bis zu 4 m hoch werden. Weibchen werden nur halb so groß. Der Elefantenrüssel kann 2 m lang werden. Die gesamte Länge eines Elefanten-Männchens beträgt etwa dreimal so viel. Mit dem Rüssel pflückt der Elefant Blätter und Zweige von den Bäumen und schiebt sie in sein Maul. Wenn er den Rüssel mit Wasser vollsaugt, passen ungefähr 10 Liter hinein. Mit seinen beiden Stoßzähnen kann der Elefant graben und sich verteidigen. Ein Stoßzahn kann 3 m lang und 90 Kilogramm schwer werden. Elefanten wiegen sehr viel. Schon bei der Geburt wiegt ein Elefantenbaby 100 Kilogramm und ist 100 cm hoch. Ein ausgewachsenes Elefanten-Männchen wiegt später so viel wie fünf Autos. Elefanten können 70 Jahre alt werden.

**1** Lies den Text und beantworte die Fragen.

a) Wie hoch kann ein Elefanten-Männchen werden. Wie viel cm sind das?

b) Wie hoch kann ein Elefanten-Weibchen werden?

c) Wie lang kann der Elefantenrüssel sein?

d) Welche Länge kann ein Stoßzahn erreichen?

**2** Schreibe eigene Fragen zum Text. Dein Nachbar beantwortet sie.

## Wettspiele im Sportunterricht

**1** Lisa startet als Erste. Sie holt immer 7 Kastanien. Sie läuft fünfmal.

F: *Wie viele Kastanien holt Lisa insgesamt?*

L: [Zeichnung von Kastanien]

5 · 7 = _____

A: _____

**2** Tom ist in der anderen Mannschaft. Er läuft sechsmal und holt jedes Mal 6 Kastanien.

F: _____

L: _____

A: _____

**3** Jan macht beim Stapel-Wettkampf mit. Immer 3 Becher stapelt er aufeinander. 9 Türme bleiben stehen.

F: *Wie viele Becher stapelt Jan insgesamt?*

L: [Zeichnung]

_____

A: _____

**4** Pia kämpft für ihre Mannschaft. Nur 7 Türme bleiben stehen. Dafür konnte sie immer 4 Becher aufeinanderstapeln.

F: _____

L: _____

A: _____

**5** Beim Ball-Transport darf kein Ball herunterfallen. Lena nimmt immer 6 Bälle auf einmal mit. Sie läuft viermal.

F: _____

L: _____

A: _____

**6** Alex ist viel stärker als Lena. Er will unbedingt gewinnen und trägt immer 8 Bälle. Er läuft insgesamt dreimal.

F: _____

L: _____

A: _____

## Sportunterricht in Klasse 2

**1** In der Klasse 2a sind 24 Kinder. In der Sportstunde spielen sie mit Reifen. Immer 4 Kinder brauchen einen Reifen.

F: *Wie viele Reifen* _____

_____

L:

$24 : 4 =$ ____

A: _____

**2** In der 2. Stunde hat die Klasse 2b Sport. Beim Staffelspiel bilden immer 6 Kinder eine Mannschaft. In der Klasse 2b sind 18 Kinder.

F: _____

_____

L:

_____

A: _____

**3** Um 10 Uhr hat die Klasse 2c Sport. Beim Laufspiel fassen sich immer 3 Kinder an. In der 2c sind insgesamt 21 Kinder.

F: _____

L:

_____

A: _____

**4** In der 4. Stunde ist Sport für die 2d. Die 28 Kinder möchten heute Purzelbäume üben. Immer 4 Kinder holen eine Matte.

F: _____

L:

_____

A: _____

**5** In der Fußball-AG müssen die Bälle für das Aufwärmen gerecht verteilt werden. Es sind 12 Bälle für 3 Mannschaften da.

F: _____

L: *Gruppe 1* ● ●
   *Gruppe 2* ● ○
   *Gruppe 3* ●

_____

A: _____

**6** Zum Schluss schmückt die 2a die Turnhalle für ein Fest. 20 Luftballons müssen an 4 Stangen gebunden werden. An jede Stange gleich viele.

F: _____

L:

_____

A: _____

# Neue Sportgeräte für die Turnhalle

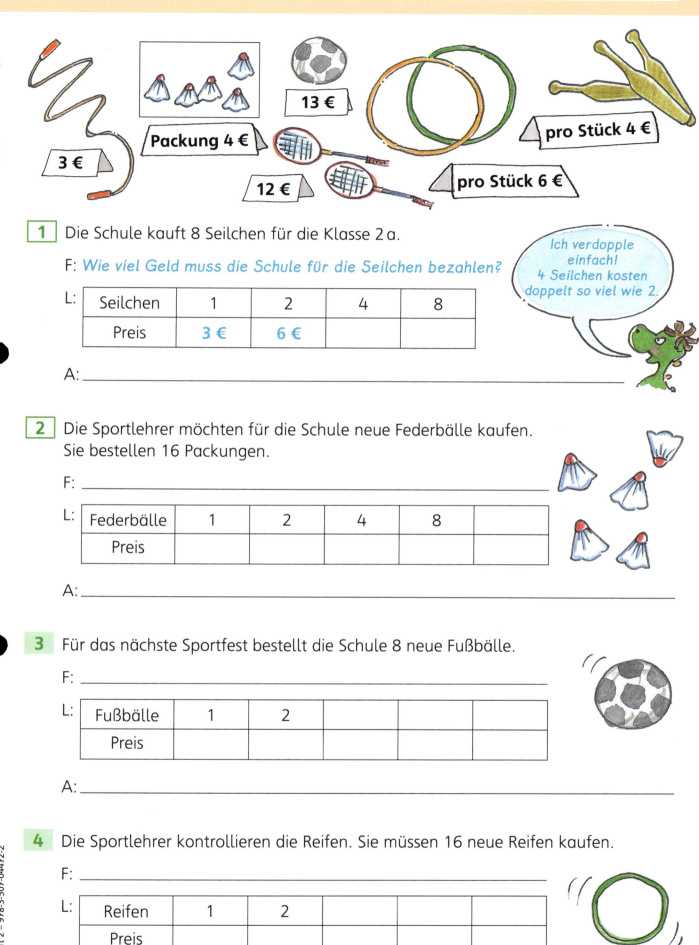

**1** Die Schule kauft 8 Seilchen für die Klasse 2a.

F: *Wie viel Geld muss die Schule für die Seilchen bezahlen?*

L:
| Seilchen | 1 | 2 | 4 | 8 |
|---|---|---|---|---|
| Preis | 3 € | 6 € | | |

*Ich verdopple einfach! 4 Seilchen kosten doppelt so viel wie 2.*

A: _____

**2** Die Sportlehrer möchten für die Schule neue Federbälle kaufen. Sie bestellen 16 Packungen.

F: _____

L:
| Federbälle | 1 | 2 | 4 | 8 | |
|---|---|---|---|---|---|
| Preis | | | | | |

A: _____

**3** Für das nächste Sportfest bestellt die Schule 8 neue Fußbälle.

F: _____

L:
| Fußbälle | 1 | 2 | | | |
|---|---|---|---|---|---|
| Preis | | | | | |

A: _____

**4** Die Sportlehrer kontrollieren die Reifen. Sie müssen 16 neue Reifen kaufen.

F: _____

L:
| Reifen | 1 | 2 | | | |
|---|---|---|---|---|---|
| Preis | | | | | |

A: _____

# Neue Pausenspielgeräte

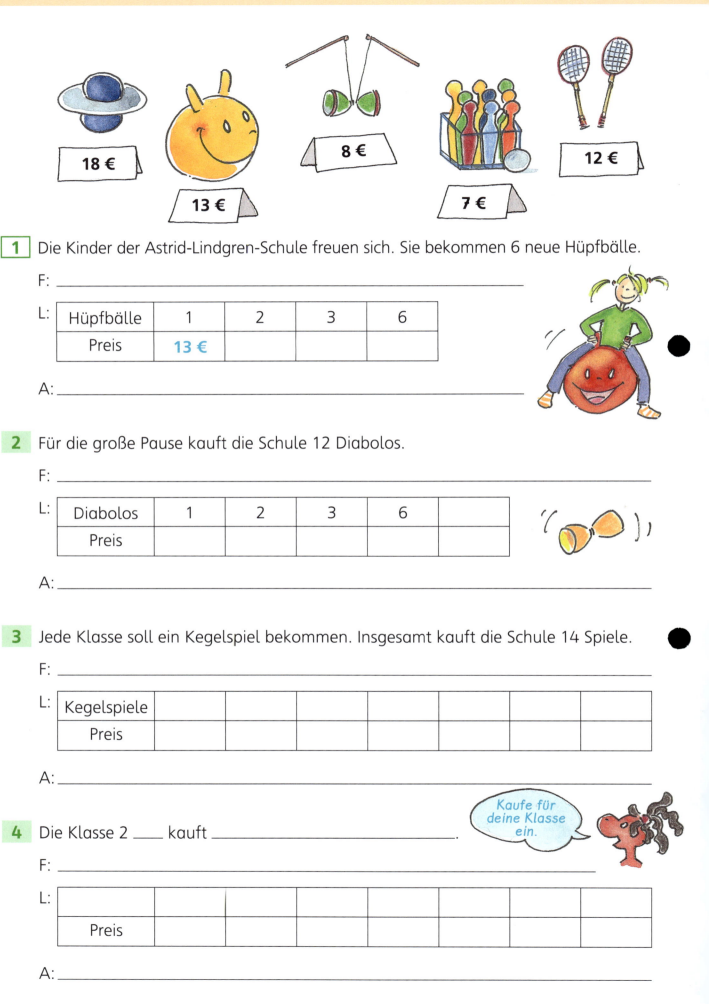

**1** Die Kinder der Astrid-Lindgren-Schule freuen sich. Sie bekommen 6 neue Hüpfbälle.

F: _____

L:

| Hüpfbälle | 1 | 2 | 3 | 6 |
|---|---|---|---|---|
| Preis | 13 € | | | |

A: _____

**2** Für die große Pause kauft die Schule 12 Diabolos.

F: _____

L:

| Diabolos | 1 | 2 | 3 | 6 | |
|---|---|---|---|---|---|
| Preis | | | | | |

A: _____

**3** Jede Klasse soll ein Kegelspiel bekommen. Insgesamt kauft die Schule 14 Spiele.

F: _____

L:

| Kegelspiele | | | | | | |
|---|---|---|---|---|---|---|
| Preis | | | | | | |

A: _____

*Kaufe für deine Klasse ein.*

**4** Die Klasse 2 ___ kauft _____.

F: _____

L:

| | | | | | | |
|---|---|---|---|---|---|---|
| Preis | | | | | | |

A: _____

# Bekannte Längenmaße

**1** Ordne die Längenangaben richtig zu.

a) 1 m | 20 cm | 10 cm | ~~1 cm~~ | 30 cm | 80 cm

Fingerbreite: _1 cm_    Handspanne: ____    Elle: ____

Armspanne: ____    Fußlänge: ____    Schrittlänge: ____

b) 40 cm | 4 m | 15 cm | 1 m | ~~2 m~~ | 4 cm | 30 cm | 70 cm

2 m

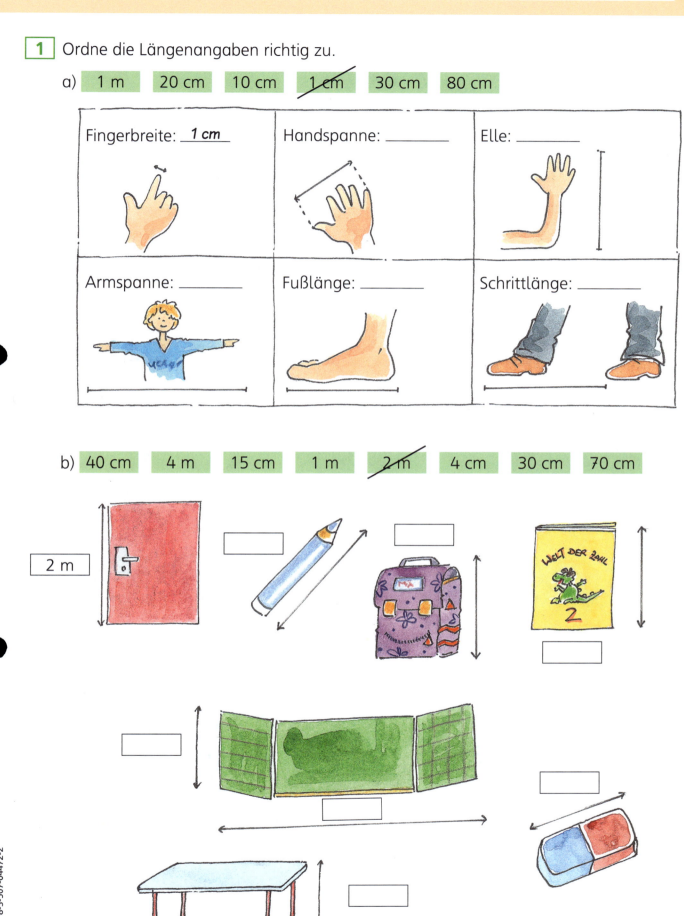

# So groß sind wir

| Felix | 1 m 37 cm |
| Lina  | 1 m 22 cm |
| Anna  | 1 m 29 cm |
| Marco | 1 m 35 cm |
| Jonas | 1 m 44 cm |
| Isa   | 1 m 25 cm |
| Mia   | 1 m 20 cm |
| Lukas | 1 m 40 cm |

**1** Wie heißt das kleinste Kind?

**2** Welches Kind ist am größten?

**3** Wie groß bist du?

1 m = 100 cm

**4** Welches Kind spricht hier?
Schreibe die richtigen Namen in die Sprechblasen.

Ich bin 4 cm kleiner als Jonas!

Bisher bin ich das größte Mädchen unserer Klasse.

Ich bin größer als Anna, aber kleiner als Felix.

Ich bin nur 2 cm größer als mein bester Freund.

Wenn ich noch 20 cm wachse, bin ich so groß wie Lukas!

Mein Vater ist 1 m 86 groß. Wenn ich noch 42 cm wachse, bin ich so groß wie er!

Jonas ist 22 cm größer als ich.

Im Winter war ich so groß, wie Lina jetzt ist. Seitdem bin ich 3 cm gewachsen.

# Tische und Stühle für die Klasse 2a

Es ist wichtig, dass Tische und Stühle die richtige Höhe haben.
In vielen Schulen sind die Möbel mit einem Farbpunkt markiert.

| Körpergröße | | Tischhöhe | Sitzhöhe | Farbe |
|---|---|---|---|---|
| 113 cm bis 127 cm | | 52 cm | 30 cm | ● (rot) |
| 128 cm bis 142 cm | | 58 cm | 34 cm | ● (gelb) |
| 142 cm bis 157 cm | | 64 cm | 38 cm | ● (orange) |
| 158 cm bis 172 cm | | 70 cm | 42 cm | ● (grün) |

**1** Schau dir die Tabelle gut an!

**2** Welche Farbmarkierung müssen Tisch und Stuhl jeweils haben?
Male den Punkt in der richtigen Farbe an.

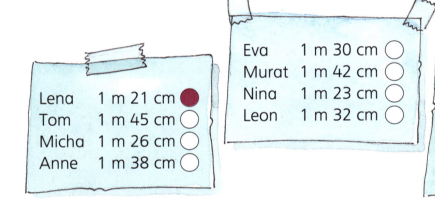

Lena 1 m 21 cm ●
Tom 1 m 45 cm ○
Micha 1 m 26 cm ○
Anne 1 m 38 cm ○

Eva 1 m 30 cm ○
Murat 1 m 42 cm ○
Nina 1 m 23 cm ○
Leon 1 m 32 cm ○

Isabel 1 m 44 cm ○
Julian 1 m 25 cm ○
Martin 1 m 39 cm ○
Jan 1 m 27 cm ○

**3** Die Kinder der Klasse 2a erstellen mit ihrer Lehrerin ein Schaubild.
Was erfährst du über die Klasse 2a?

Wie viele Mädchen sind zwischen 128 cm und 142 cm groß? ____

Wie viele Jungen sind größer als 142 cm? ____

Von den Mädchen sind ____ größer als 142 cm.

Welche Möbel müssen in der Klasse stehen? Trage die Anzahl ein.

Stühle  lila: ____  gelb: ____  rot: ____  grün: ____

Tische  lila: ____  gelb: ____  rot: ____  grün: ____

In die Klasse 2a gehen insgesamt ____ Kinder.

Anzahl der Mädchen: ____

Anzahl der Jungen: ____

# Tische und Stühle für die Klasse 2b

Auch die Kinder der Klasse 2b haben ihre Körpergröße gemessen und aufgeschrieben:

| | | | | | | | |
|---|---|---|---|---|---|---|---|
| Emma | 1 m 35 cm | Max | 1 m 24 cm | Noah | 1 m 27 cm | Sarah | 1 m 21 cm |
| Arne | 1 m 27 cm | Hülya | 1 m 17 cm | Florian | 1 m 29 cm | Niko | 1 m 18 cm |
| Sina | 1 m 19 cm | Lea | 1 m 23 cm | Julia | 1 m 40 cm | Philip | 1 m 28 cm |
| Hendrik | 1 m 31 cm | Moritz | 1 m 40 cm | Robin | 1 m 41 cm | Julian | 1 m 25 cm |
| Linda | 1 m 45 cm | Luisa | 1 m 29 cm | Teresa | 1 m 33 cm | Marie | 1 m 22 cm |
| Daniel | 1 m 43 cm | Sophie | 1 m 22 cm | Ben | 1 m 26 cm | Fabian | 1 m 48 cm |

**1** Welche Höhe müssen die Möbel hier haben? Male zu jedem Kind die Punkte richtig an.

| Körpergröße | Tischhöhe | Sitzhöhe | Farbe |
|---|---|---|---|
| 113 cm bis 127 cm | 52 cm | 30 cm | ● lila |
| 128 cm bis 142 cm | 58 cm | 34 cm | ● gelb |
| 143 cm bis 157 cm | 64 cm | 38 cm | ● rot |
| 158 cm bis 172 cm | 70 cm | 42 cm | ● grün |

**2** Lege ein Schaubild für die Klasse 2b an.

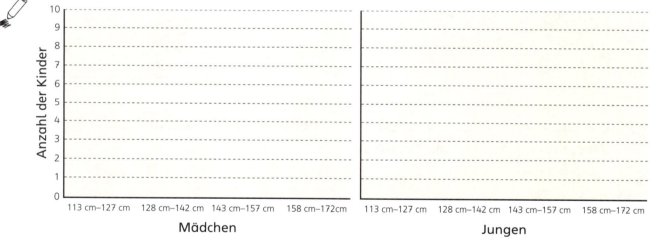

Mädchen — Jungen

**3** *Wie groß sind die Kinder deiner Klasse? Lege auch für deine Klasse ein solches Schaubild an!*

# Ein neues Jahr beginnt

**1** Wie viele Monate hat ein Jahr? Ein Jahr hat ___ Monate.

**2** Schreibe die fehlenden Monatsnamen auf die Zettel!

| Januar | | | April |
| | | Juli | |
| | | November | |

**3** Wann hast du Geburtstag? Schreibe das Datum in die Tabelle.

**4** Frage auch deine Freunde nach ihrem Geburtstag. Trage in die Tabelle ein.

*Ich habe am 6. Tag des 7. Monats im Jahr Geburtstag!*

| Name | Geburtstag | | Wochentag |
|---|---|---|---|
| Zahlix | 6. Juli | 6.7. | |
| Zahline | 12. September | | |
| Mein Geburtstag | | | |
| | | | |
| | | | |

**5** Wann haben diese Kinder Geburtstag?

*Mein Geburtstag ist am 15. Tag des 3. Monats im Jahr!*

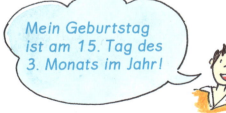

*Heute ist der 5. Januar. In zwölf Tagen ist endlich mein Geburtstag!*

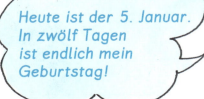

*Ich hatte vor einer Woche Geburtstag! Heute ist der 14. April.*

## Unsere Zeit

**1** Heute ist der 22. Juni. Wie viele Tage muss Zahlix bis zu seinem Geburtstag noch warten?

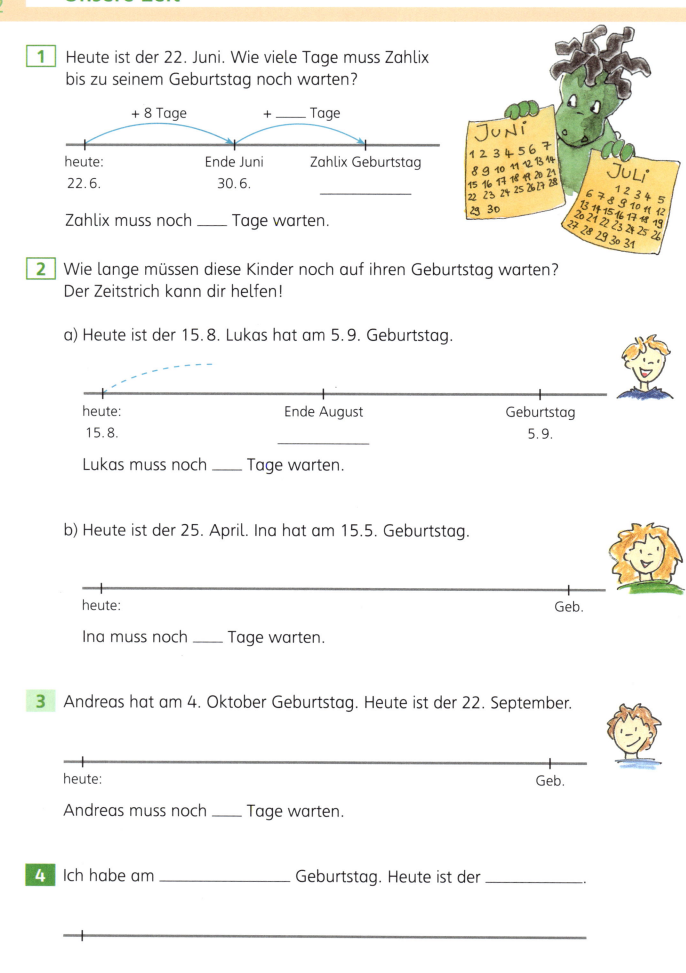

```
        + 8 Tage          + ___ Tage
   |———————————————|———————————————|
  heute:          Ende Juni      Zahlix Geburtstag
  22. 6.          30. 6.          _____
```

Zahlix muss noch ___ Tage warten.

**2** Wie lange müssen diese Kinder noch auf ihren Geburtstag warten? Der Zeitstrich kann dir helfen!

a) Heute ist der 15. 8. Lukas hat am 5. 9. Geburtstag.

```
   |———————————————|———————————————|
  heute:          Ende August    Geburtstag
  15. 8.          _____      5. 9.
```

Lukas muss noch ___ Tage warten.

b) Heute ist der 25. April. Ina hat am 15. 5. Geburtstag.

```
   |———————————————————————————————|
  heute:                           Geb.
```

Ina muss noch ___ Tage warten.

**3** Andreas hat am 4. Oktober Geburtstag. Heute ist der 22. September.

```
   |———————————————————————————————|
  heute:                           Geb.
```

Andreas muss noch ___ Tage warten.

**4** Ich habe am _____ Geburtstag. Heute ist der _____.

```
   |————————————————————————————————
```

Ich muss noch ___ Tage warten.

# Fahrt zur Eishalle

**Einladung**

Der Förderkreis lädt ein zum

**Schlittschuhlaufen**

Bald geht es los!
Ihr müsst nur den Bus bezahlen (5 € pro Person), den Eintritt in der Eishalle übernehmen wir!

**Kommt alle mit!**

**Fahrplan Hinfahrt**

|  | 1. Bus | 2. Bus |
|---|---|---|
| Schule | 9.00 Uhr | 11.00 Uhr |
| Bahnhof | 9.30 Uhr | 11.30 Uhr |
| Eishalle | 10.15 Uhr | 12.15 Uhr |

**Fahrplan Rückfahrt**

|  | 1. Bus | 2. Bus |
|---|---|---|
| Eishalle | 15.00 Uhr | 17.00 Uhr |
| Bahnhof | 15.45 Uhr | 17.45 Uhr |
| Schule | 16.15 Uhr | 18.15 Uhr |

**1** a) Wann fährt der 1. Bus zur Eishalle? _____

b) Wann ist der 1. Bus am Bahnhof? _____

c) Wann fährt der letzte Bus zurück? _____

d) Wann kommt er an der Schule an? _____

**2**

*Ich fahre mit dem 2. Bus von der Schule los.*

Wie lange dauert für Zahlix die Busfahrt bis zur Eishalle?

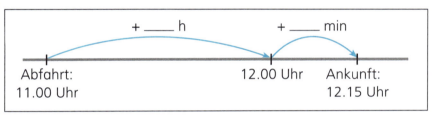

Zahlix muss \_\_\_ Stunde und \_\_\_ Minuten im Bus sitzen.

a)

*Wir nehmen den 1. Bus von der Schule.*

Wie lange dauert für Lisa die Busfahrt bis zur Eishalle?

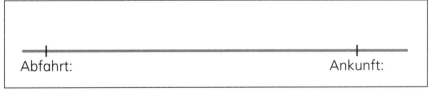

Lisa muss \_\_\_ Stunde und \_\_\_ Minuten im Bus sitzen.

b)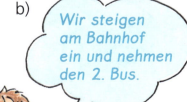

*Wir steigen am Bahnhof ein und nehmen den 2. Bus.*

Wie lange dauert für Lukas die Busfahrt bis zur Eishalle?

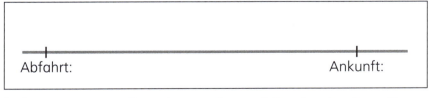

Lukas muss \_\_\_ Stunden und \_\_\_ Minuten im Bus sitzen.

# In der Eishalle

**1** Wie lange sind die Kinder in der Eishalle?
Trage die Zeiten in die Tabelle ein und rechne aus!

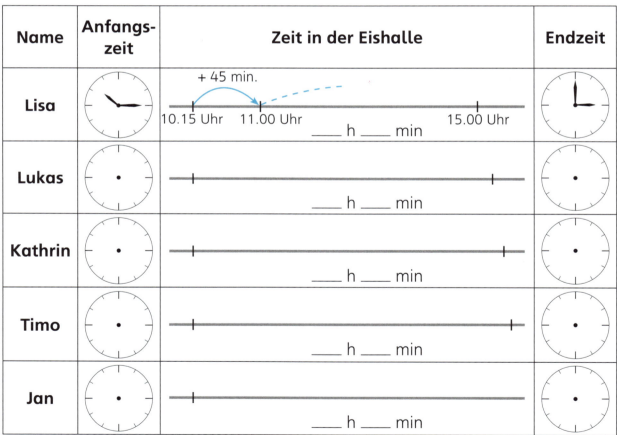

**2** Marion ist seit 4 Stunden auf dem Eis. In einer halben Stunde fährt der letzte Bus.
Mit welchem Bus ist sie gekommen?
Marion ist mit dem Bus um ____ Uhr angekommen.

## Einladung zum Kinderfest

**1** Löse die Aufgaben. Streiche die Fragen durch, die du nicht beantworten kannst.

a) In welchem Monat findet das Kinderfest statt?

b) Wie lange dauert das Kinderfest?

c) Um wie viel Uhr startet das Fest?

d) Wo befindet sich die Südwiese?

> Zahlix und Zahline's
> **Kinderfest**
> am **20. Mai**
> um **15–18 Uhr**
> auf der **Südwiese**.
> Ihr seid alle eingeladen!

e) Die Einladung wird am 28. April verteilt. Wie lange dauert es noch bis zum Kinderfest?

**2** Welche Aufgaben kannst du lösen? Welche nicht?

> Wir laden alle 48 Kinder der beiden 2. Klassen ein. In der Klasse 2a sind 23 Kinder, davon sind 15 Jungen.

a) Wie viele Kinder sind zum Kinderfest eingeladen?

b) Wie viele Kinder können nicht kommen?

c) Wie viele Kinder sind in der Klasse 2b?

d) Wie viele Jungen gehen in die Klasse 2b?

e) Wie viele Mädchen sind in der Klasse 2a?

> Was möchtest du gerne fragen?

# Einkaufen für das Kinderfest

**1** Zahline hat 40 Euro gespart. Sie möchte für das Kinderfest 63 Schokoküsse und 48 Muffins kaufen.

a) Wie viele Packungen Schokoküsse muss sie kaufen?

L: _____

A: _____

_____

b) Wie viele Packungen Muffins muss sie kaufen?

L: _____

A: _____

_____

c) Wie viel Geld muss Zahline insgesamt bezahlen?

L:

A: _____

d) Reicht das Geld von Zahline?   Ja ☐   Nein ☐

**2** Zahlix hat 50 Euro gespart. Er kauft für das Kinderfest Getränke ein.

4 Kästen Wasser, 5 Kästen Apfelsaft

WASSER 3€
APFELSAFT 5€

a) Wie viel Geld muss Zahlix bezahlen?

L:

A: _____

b) Wie viel Geld bekommt er zurück?

L: _____

A: _____

c) Wie viele Flaschen kauft Zahlix insgesamt?

L:

A: _____

## Auf zum Kinderfest

**1** Welche Lösung passt zu welcher Aufgabe?
Ordne zu und löse die Aufgaben.

$$24 : 4 \qquad 24 + 4 \qquad 24 - 4$$

Die Kinder bringen Zahlix und Zahline Geschenke mit. Immer 4 Kinder kaufen gemeinsam ein Geschenk. Insgesamt kommen 24 Kinder.

F: _____
_____
L: _____
A: _____

Am Kuchenstand gibt es 4 verschiedene Kuchen. Auf dem Blech mit Streuselkuchen sind 24 Stücke. Max holt für sich und seine 3 Freunde jeweils ein Stück.

F: _____
_____
L: _____
A: _____

**2** Welche Lösung passt zu welcher Aufgabe?
Ordne zu und löse die Aufgaben.

$$23 + 7 - 6 \qquad 23 + 7 + 6 \qquad 23 - 7 - 6$$

Tina hat beim Luftballontreffen schon 23 Punkte mit 3 Pfeilen erreicht. Sie trifft noch einen blauen und einen gelben Luftballon.

F: _____
_____
L: _____
A: _____

**Punkte:**
rot = 9
blau = 7
gelb = 6
grün = 5

Max hat mit 5 Würfen insgesamt 23 Punkte erreicht. Leider werden ihm die Treffer von einem blauen und einem gelben Luftballon abgezogen, da er über die Abwurflinie getreten ist.

F: _____
_____
L: _____
A: _____

## Spiele auf dem Kinderfest

**1** Beim Schokokuss-Wettessen spielen immer 4 Kinder in einer Gruppe. Zuerst müssen sich alle Spieler verkleiden. 5 Gruppen warten bereits auf das Startsignal.

F: _____

L: _____

A: _____

**2** Das Sackhüpfen dauert bereits eine halbe Stunde. 12 Kinder möchten noch starten. In einem Rennen hüpfen immer 3 Kinder.

F: _____

L: _____

A: _____

**3** Beim Torwandschießen muss jedes Kind möglichst viele Punkte erreichen. Jeder hat 6 Schüsse. Tom hat viel Glück. Er trifft dreimal unten und zweimal oben. Ein Schuss geht leider vorbei.

**4 Punkte unten**
**8 Punkte oben**

F: _____

L:

A: _____

**4** Vor der Hüpfburg warten noch 18 Kinder. Es dürfen immer 4 Kinder 3 Minuten hüpfen. Leider ist das Kinderfest schon fast zu Ende. Es sind nur noch 15 Minuten Zeit.

F: _____

L:

A: _____

# Freibad-Besuch

**Öffnungszeiten**

Mo – Fr  6.00 – 20.00 Uhr

Sa        7.00 – 19.00 Uhr

So        8.00 – 19.00 Uhr

**Freibad-Saison:**
1. Mai – 31. August

**1** Wie viele Stunden ist das Freibad geöffnet?

a) an einem Wochentag: _____

b) am Wochenende (Sa + So): _____

**2** Das Freibad ist nicht das ganze Jahr über geöffnet. In welchen Monaten kannst du dort schwimmen?

_____

_____

**3** An wie vielen Tagen im Jahr ist das Freibad geöffnet?

L: _____

A: _____

*Benutze einen Kalender.*

**4** Schreibe zwei Fragen und löse sie.

*Ich bin seit 13.45 Uhr im Freibad und darf 3 Stunden bleiben.* — Malte

*Wir sind um 14.15 Uhr gekommen und bleiben bis 18.30 Uhr!* — Lisa

*Noch 2 Stunden und 30 Minuten, dann muss ich nach Hause ...* — Max

F: _____

L:

A: _____

F: _____

L:

A: _____

# Im Freibad

**Eintrittspreise**
Erwachsene  4 €
Kinder  2 €

**Saisonkarten**
Erwachsene  55 €
Kinder  23 €
Familie  65 €

Wassereis  50 Cent
Fruchteis  100 Cent
Schokoeis  100 Cent
Tüte Fruchtgummi  2 €
Pommes  1 €

**1** Felix bezahlt den Eintritt und kauft sich ein Schokoeis.

F: _____
L: _____
A: _____

**2** Herr Sommer bestellt am Kiosk zwei Wassereis, eine Tüte Fruchtgummi und eine Portion Pommes.

F: _____
L: _____
A: _____

**3** Nina geht mit ihren Eltern ins Feibad. Ihre Mutter bezahlt an der Kasse mit einem 20-Euro-Schein.

F: _____
L: _____
A: _____

**4** Dennis feiert seinen 8. Geburtstag mit 5 Freunden im Freibad. Er bezahlt für alle den Eintritt und ein Fruchteis.

F: _____
L: _____
A: _____

*Lohnt sich für mich eine Saisonkarte?*

**5** Markus wohnt mit seinen Eltern nur 50 Meter vom Freibad entfernt und geht sehr oft dort schwimmen.

Wie oft muss er schwimmen gehen, damit sich für ihn eine Saisonkarte lohnt?

| Schwimmbadbesuche | 1 | 2 | 3 | 4 | 5 | ... | | | |
|---|---|---|---|---|---|---|---|---|---|
| Eintritt | 2 € | 4 € | 6 € | | | | | | |

## Lena und Tim im Freibad

Lena und Tim verbringen einen Nachmittag im Freibad. Sie schwimmen, tauchen, rutschen …

**1** Lena hat in der Schule das Kraulen gelernt und schafft schon 3 Bahnen. Eine Bahn im Freibad ist 25 m lang.

F: Wie viele Meter sind das?

L: _____

A: _____

**2** Tim und Lena stehen Schlange bei der Rutsche. Tim steht an 2. Stelle, Lena an 7. Stelle.

F: Wie viele Kinder stehen zwischen ihnen?

L:

A: _____

**3** Lena springt an diesem Nachmittag zweimal vom 3-Meter-Turm. Tim springt sogar viermal. Beim letzten Mal zählt er die Stufen. Es sind 12!

F: Wie viele Stufen ist Lena insgesamt hinaufgestiegen? Wie viele waren es bei Tim?

L: _____

A: _____

**4** Tim hat es geschafft, eine halbe Bahn zu tauchen.

F: _____

L: _____

A: _____

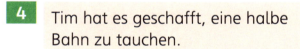

**5** Lena übt für das Bronze-Abzeichen. Sie muss mindestens 200 m in höchstens 15 Minuten schwimmen.

F: _____

L:

A: _____

## Mathematik im Freibad

**1** In jeder Aufgabe ist etwas falsch. Suche die Fehler. Markiere den Fehler.

**2** Verbessere den Fehler.

Wo steckt der Fehler? In der Frage, in der Lösung oder in der Antwort?

a) Das Schwimmbecken ist 50 m lang. Lena schwimmt täglich zwei Bahnen.

F: Wie viele Meter schwimmt Lena täglich?
L: 50 m + 50 m = 100 m
A: 50 m schwimmt Lena täglich.

Falsch ist _____

So ist es richtig: _____

b) Tim zählt die Schritte von der Wiese bis zum Becken. Er zählt 35 Schritte.

F: Wie viele Schritte sind es hin und zurück?
L: 35 − 35 = 0
A: 0 Schritte sind es hin und zurück

Falsch ist _____

So ist es richtig: _____

c) Lenas Mutter geht immer montags um 9.00 Uhr ins Freibad. Nach 3 Stunden fährt sie wieder nach Hause.

F: Wie lange bleibt Lenas Mutter im Freibad?
L: +3 h, 9.00 Uhr — 12.00 Uhr
A: Um 12.00 Uhr fährt Lenas Mutter nach Hause.

Falsch ist _____

So ist es richtig: _____

d) Lena springt gern ins Wasser. Sie hat schon 21 Sprünge gemacht. Heute möchte sie 30 Sprünge schaffen.

F: Wie viele Sprünge fehlen ihr noch?
L: 21 + 9 = 30
A: 30 Sprünge fehlen ihr noch.

Falsch ist _____

So ist es richtig: _____

e) Tim schwimmt mit seinem Freund Alex um die Wette. Sieger ist, wer die meisten Bahnen schafft. Alex schafft 8 Bahnen. Tim freut sich. Er hat 3 Bahnen mehr geschafft.

F: Wie viele Bahnen schafft Tim?
L: 8 − 3 = 5
A: 5 Bahnen schafft Tim.

Falsch ist _____

So ist es richtig: _____

# Knobelaufgaben

**1** Sarah, Tim und Jan haben im Wald Kastanien gesammelt. Insgesamt sind es 57 Kastanien. Diese wollen sie nun gerecht unter sich verteilen.

*Skizzen helfen dir beim Lösen!*

F: _____

L:
Sarah
Tim
Jan

A: _____

**2** In der Turnhalle liegen 24 Seilchen. Zwölf Seilchen sind gelb. Von den restlichen Seilchen ist die Hälfte grün. Die anderen Seilchen sind rot und blau. Es gibt doppelt so viel rote wie blaue Seilchen. Wie viele grüne Seilchen gibt es, wie viele rote und wie viele blaue?

L:

A: _____

**3** Beim Schulfest fand ein Fußballspiel „Schüler gegen Eltern" statt. Insgesamt fielen in diesem Spiel 14 Tore. Die Schüler schossen 4 Tore mehr als die Eltern. Wie viele Tore trafen die Schüler, wie viele die Eltern?

L:

A: _____

# Tierische Knobelaufgaben

**1** Tom entdeckt im Garten eine Weinbergschnecke. Er beobachtet sie genau.
Die Schnecke legt in 3 Minuten 20 Zentimeter zurück.
Nun muss Tom zum Mittagessen in die Küche.
Nach 15 Minuten kommt er wieder.
Wie viele Zentimeter hat die Schnecke in der Zeit geschafft?

L:

A: _____

**2** Das Giraffengehege bekommt an einer Stelle einen neuen Zaun.
Der Zoowärter braucht 7 Zaunpfosten. Diese stehen immer
4 Meter auseinander. Wie lang muss der Zaun sein?

L:

A: _____

**3** Beim Rundgang durch den Zoo kommt Lisa um 14 Uhr am
Streichelzoogehege vorbei. Dort sieht sie Hühner und Ziegen.
Lisa zählt insgesamt 20 Beine. Wie viele Hühner und Ziegen
könnten es sein? Wie viele Möglichkeiten findest du?

L:

A: _____

# Zahlenrätsel

**1** Ich denke mir eine Zahl, addiere 20 und erhalte 65.

L: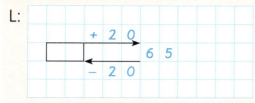

A: _____

**2** Ich denke mir eine Zahl, verdopple sie und erhalte 48.

L:

A: _____

**3** Ich denke mir eine Zahl, halbiere sie und erhalte 38.

L:

A: _____

**4** Meine Zahl ist um 23 größer als 65.

L:

A: _____

**5** Meine Zahl ist um 14 kleiner als 55.

L:

A: _____

**6** Wenn ich von meiner Zahl 28 abziehe, erhalte ich 72.

L:

A: _____

**7** Wenn ich 41 zu meiner Zahl addiere, erhalte ich 99.

L:

A: _____

## Wie heißt meine Zahl?

**1** Wenn ich meine Zahl mit 6 malnehme und dann vom Ergebnis 15 subtrahiere, erhalte ich 33.

L:

A: _____

**2** Wenn ich zu meiner Zahl zuerst 23 addiere und dann das Ergebnis durch 4 teile, erhalte ich 9.

L:

A: _____

**3** Wenn ich die beiden Nachbarzahlen meiner Zahl addiere, erhalte ich 100.

L:

A: _____

**4** Meine Zahl ist eine Quadratzahl. Sie liegt zwischen 6 · 7 und 7 · 8

L:

A: _____

*Geschafft!*

# Viele Eissorten

**1** Lea isst gern Eis. Sie mag am liebsten Erdbeereis, Vanilleeis, Schokoladeneis oder Pistazieneis. Heute kauft sie drei unterschiedliche Kugeln.
a) Für welche Kugeln könnte sie sich entscheiden? Male die Eiskugeln an.

b) Wie viele unterschiedliche Eistüten kannst du anmalen? _____

**2** Tom mag Erdbeereis, Zitroneneis und Schkoladeneis. Er kauft sich ein Eis mit drei Kugeln.
a) Für welche Kugeln könnte er sich entscheiden?

b) Wie viele unterschiedliche Eistüten kannst du anmalen? _____

**3** Kati hat vier Lieblingseissorten. Sie isst besonders gern Schokoladeneis, Vanilleeis, Bananeneis und Nusseis. Sie kauft sich heute ein Eis mit drei Kugeln.
a) Wie kann ihr Eis aussehen?

b) Wie viele unterschiedliche Eistüten kannst du anmalen? _____

c) Reichen die Eistüten? _____

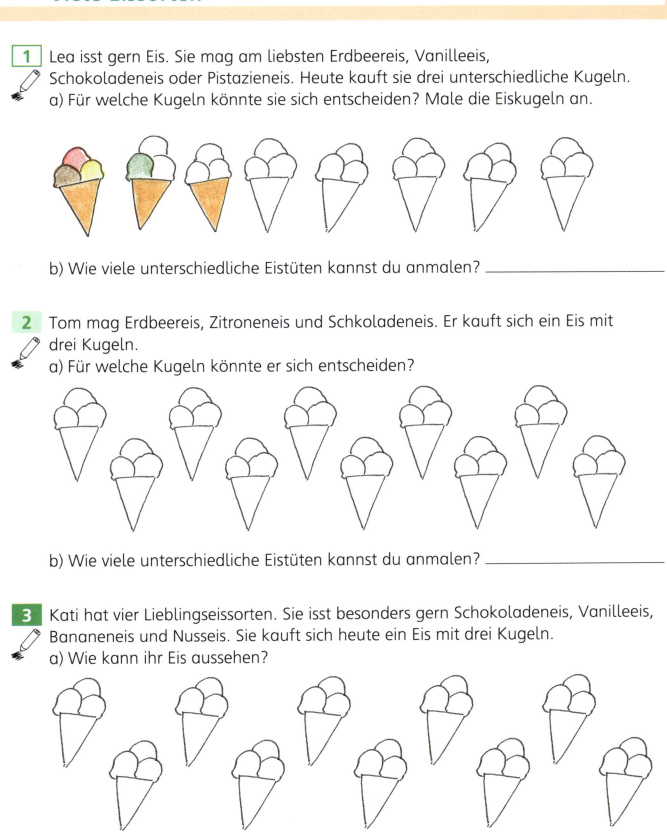

# Eis-Träume

**1** Wer bekommt welche Eissorte? Verbinde.

- Ein Mädchen mag nur Fruchteis.
- Jonas isst nur Erdbeereis.
- Lisa mag kein Schokoladeneis.
- Felix mag Schokoladeneis oder Bananeneis.

| MARIA | JONAS | LISA | FELIX |

| Bananeneis | Nusseis | Schokoladeneis | Erdbeereis |

**2** Wer bestellt welches Eis? Verbinde.

- Leons Eis enthält rote Früchte.
- Marie isst gerne Fruchteis.
- Ein Junge mag den Schokoladenbecher sehr gern.
- Erik mag Nusseis oder Vanilleeis.
- Paula mag kein Nusseis.

| LEON | PAULA | ERIK | CLEMENS | MARIE |

| Vanilleschale | Erdbeerbecher | Nussbecher | Bananensplit | Schokobecher |

# Lösungen

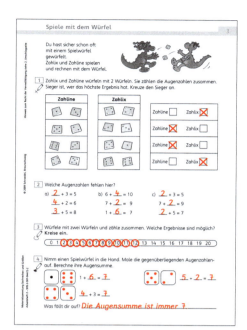
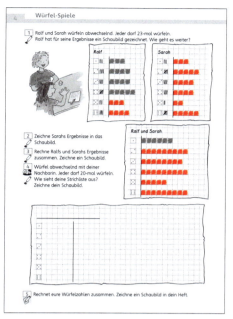
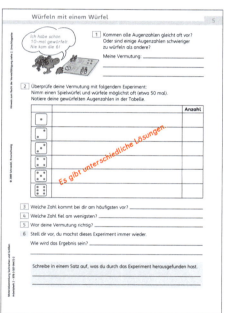

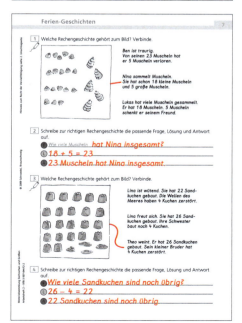
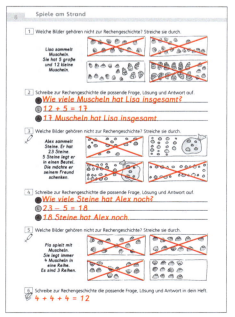

# Lösungen

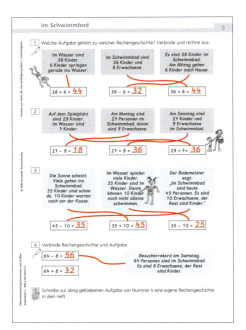
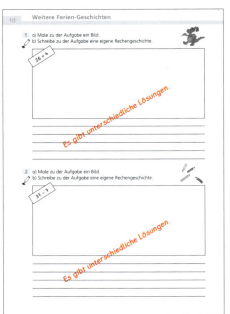
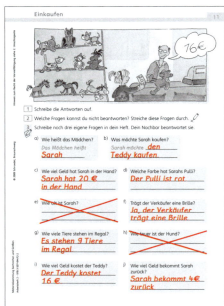

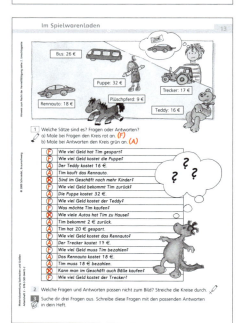
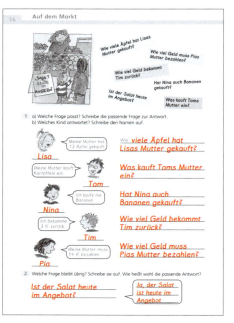

# Lösungen

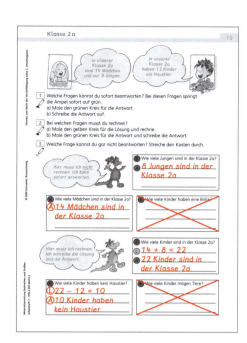
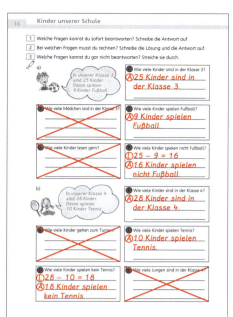
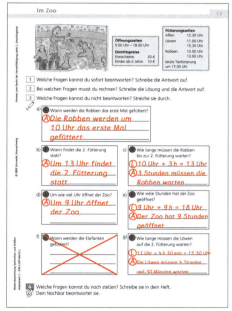
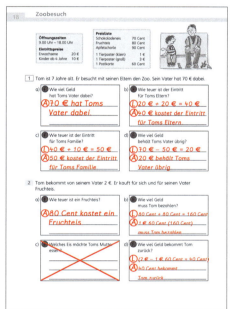
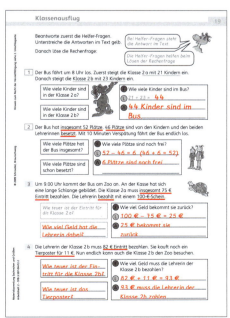

# Lösungen

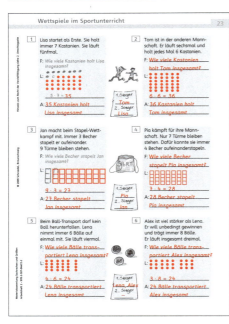
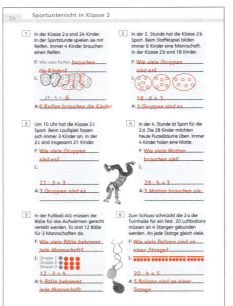
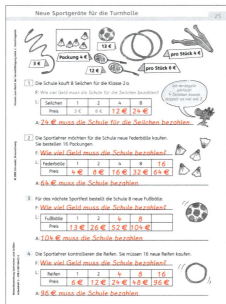
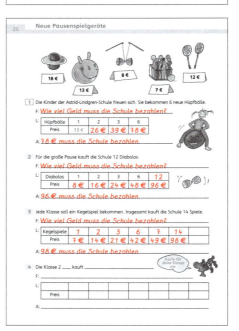

# Lösungen

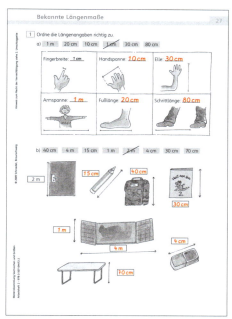

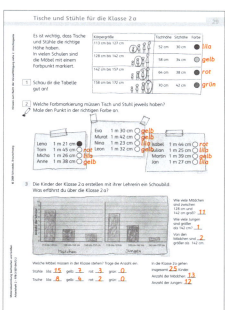
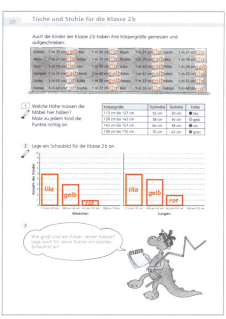
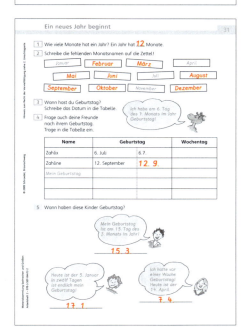
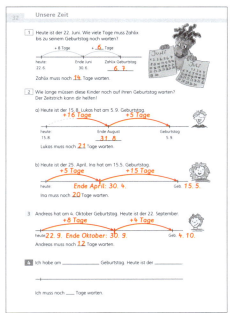

# Lösungen

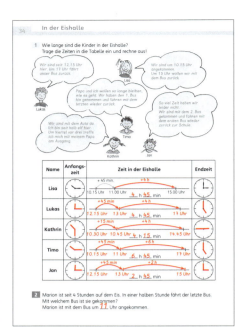
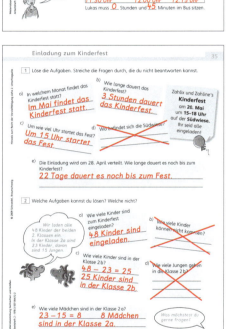
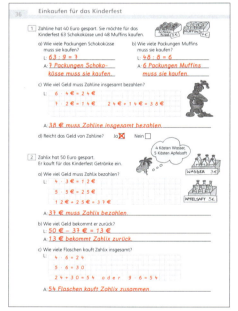
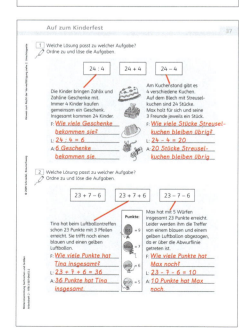

# Lösungen

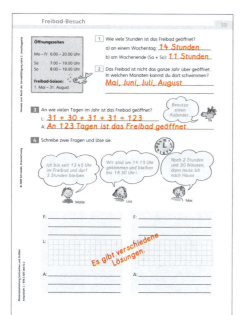
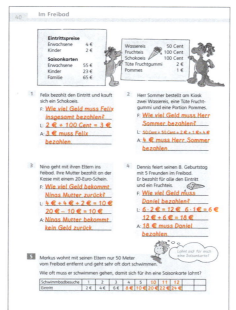
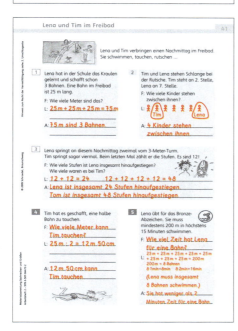
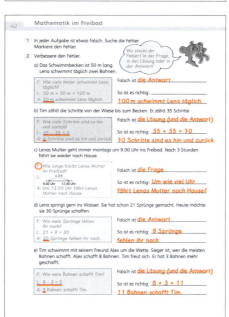
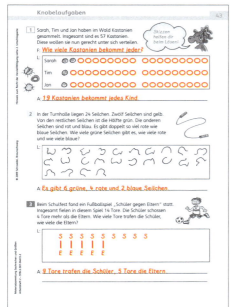
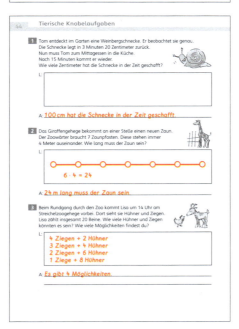

# Lösungen

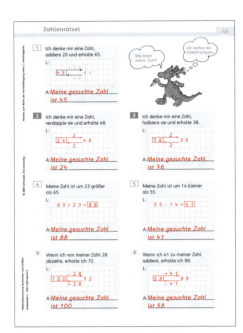
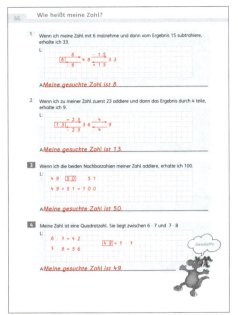
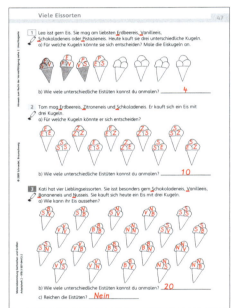
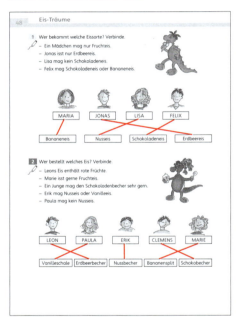